川村康文(かわむらやすふみ)＋東京理科大学川村研究室(とうきょうりかだいがくかわむらけんきゅうしつ) 著(ちょ)

はじめに

　私は、いつも「理科の工作」＝「人類生存の糧」と強調しています。算数や国語も大切ですが、何より理科の工作は大切なのです。

　太古の昔より、人類は、自分たちの持つセンサーのすべてをフル活用して生き抜いてきました。何が食べられるのか？　何は毒が入っていて食べられないのか？　匂いを嗅いでみたり、目で色をじっくりと観察したり、場合によっては、手で振ってみて音を確かめたり――。五感をフルに使い、脳に大切な情報を記憶させ、得られた情報を活用して、新しい物事を考え出したりしてきました。まさに発明と発見の歴史です。

　本当の理科教育は、ここにあります。試験で正解をたくさんもらうことが、理科の学習ではありません。ノーベル賞をもらった先生方の中に、これまでいわれていた正しい方法を間違ってしまい、偶然にも新しい現象と出会い、その現象を解明することで、ノーベル賞を受賞した先生方もおられます。

　正しいといわれることをそのまま繰り返していては、量産機となってしまうだけで、決して科学者にはなれません。科学の世界の中を冒険することが大事です。まさに"大冒険"です。なので、途中で切り傷を負ったり、火傷をするかもしれませんが、そんなことで"冒険家"はめげません。なぜなら、その先に科学の進化が待っているかもしれないからです。また、過去にどこまで進めたのかを学ぶ必要があります。自分の新しい発見が、過去に知られていたことを追い越せたのかどうかを知るためです。この本で過去の理科の工作を是非クリアしてみてください。

　楽しく理科の工作をしながら、昔の人は、どうやってこんなことがわかったのだろう？　と思いを馳せてみてください。きっと、この本を読み終わったあと、小学生の皆さんも小さな発明家になっていることでしょう。

東京理科大学教授　川村康文

目次

はじめに 1

この本の特色 4

第1章　電気と磁石

- No.1　方位磁針をつくろう！ 6
- No.2　エジソン電球をつくろう！ 9
- No.3　圧電発電をやってみよう！ 12
- No.4　手回し発電機をつくろう！ 17
- No.5　ペットボトルはく検電器をつくろう！ 26
- No.6　「かわむらのコマ」でゾートロープをつくろう！ 31
- No.7　クリップモーターカーをつくろう！ 39

第2章　力と運動

- No.8　ペットボトルロケットを飛ばそう！ 44
- No.9　ビー玉ロケットカーをつくろう！ 48
- No.10　笛をつくろう！ 51
- No.11　スターリングエンジンカーをつくろう！ 56

第3章　化学

- No.12　人工イクラをつくろう！ ……… 64
- No.13　カイロをつくろう！ ……… 68
- No.14　大きな結晶をつくろう！ ……… 71

第4章　生物

- No.15　豆腐をつくろう！ ……… 74
- No.16　パンをつくろう！ ……… 78
- No.17　ドライフラワーとプリザードフラワーをつくろう！ ……… 83

第5章　地学

- No.18　風向・風速計をつくろう！ ……… 88
- No.19　3D震源分布モデルをつくろう！ ……… 92
- No.20　ペットボトル温水タワーすだれをつくろう！ ……… 100

おわりに ……… 105
執筆者の紹介 ……… 106

この本の特色

この本は、小学生の皆さんが正しく理科の工作をすることができるように、次のような特色があります。

1 5つのジャンルから好きな理科の工作を選べる

この本には、20テーマが掲載されていますが、それらを大きく「電気と磁石」「力と運動」「化学」「生物」「地学」の5つに分けてあります。この中から自分の好きなジャンルの理科の工作を選んでやってみましょう。

2 各テーマの理科の工作のレベルがわかる

掲載されている各テーマの理科の工作が、①どのくらいの難しさか（星の数で表示）、②どのくらいの時間がかかるか、③どの学年が対象か、ひと目でわかるようにしてあります。①は星の数が多いほど難易度が高く、②は準備やまとめ学習を除く正味の時間、③は対象となる在学年数です。小学生の皆さんが理科の工作に取り組む際の目安にしてください。

3 理科の工作のやり方がわかりやすい

それぞれの理科の工作に必要な「用意するもの」を、冒頭に挙げてあります。しかも、用意する材料や道具などには、チェック欄□を設けてありますので、用意できたものに印☑をつけていけば、用意できたかどうか確認できます。また、適宜どこで購入すればよいかなどの補足もしています。さらに、理科の工作のやり方を、「手順」で写真や図を入れてわかりやすく説明しています。

4 「どうして?」がわかる詳しい解説

どうしてそうなるのか? など、理科の工作をしていて出てくる疑問点や、その仕組みなどを、詳しく「解説」しています。なかには、中学校や高校の理科で習うような内容もありますが、小学生の皆さんにもわかりやすく書いてありますので、ぜひ読んでみてください。また、この本を書いた東京理科大学の川村康文教授からの「コメント」もありますので、参考にしてください。

川村教授のイラストが、
理科の工作に関するヒントや
エピソードを伝授するよ!

さあ、準備が整ったら、
好きな理科の工作から
始めてみよう!

この本で紹介する理科の工作を行う際の注意事項

理科の工作を行う前に、小学校の先生方やお家の方などと読んでください。

※1 必ず大人と一緒に理科の工作をしてください。小学生の皆さんだけで理科の工作を行うと、大変危険です。

※2 刃物や火、熱湯、電気などを使うときは、怪我や火傷、感電などの事故に、十分注意しましょう。また、使用する道具などは、正しく扱うようにしてください。

※3 手順をよく読み、材料や特に薬品などの分量を間違えないよう、気をつけてください。薬品を扱ったあとは、きれいに手を洗いましょう。

※4 小学生の皆さんより小さな弟や妹など乳幼児がいる場合は、理科の工作に使用した道具などの後始末、また、完成品の保管・処理を適切に行い、怪我や誤飲などの事故につながらないよう、気をつけてください。

No.1 電気と磁石

方位磁針をつくろう！

難しさ ★☆☆　　**かかる時間** 20分　　**対象** 1年生以上

　渡り鳥は、冬になると北の国から暖かい南の地域に向かって飛んできます。でも、どうして迷わずに飛ぶことができるのでしょうか？　実は地球の磁場を感じているからなのです！
　では、私たちも地球の磁場を感じることはできるでしょうか？　残念ながらそれはできません。そこで今回は、オリジナルの方位磁針をつくって、東西南北の方位を調べてみよう！

用意するもの

- □水　□磁石（ネオジム磁石がよい）
- □発泡スチロールや発泡スチレンなどの水に浮くもの
- □はさみ　□カッターナイフ

手順

1 水に浮かぶ発泡スチロールなどを、南北がはっきりわかるようにデザインして切り取ります。今回は100円ショップなどにある発泡スチレンを使って、漢字の「北」という字をデザインしてみました。方位磁針は必ず針でなければならないということはありません。自分だけのデザインに挑戦してみよう！

針にこだわらないで、世界にひとつだけの方位磁針をデザインしてみよう！

2 ❶でつくったモデルに磁石を取りつけるための溝をつくります。

3 磁石を溝に取りつけます。このとき、磁石のN極が北を向くようにします。

溝に磁石をはめ込めば、向きを間違えてもつけ直すことができます。

4 磁石を取りつけたら、さっそく水に浮かべてみましょう。どの方向に向けて浮かべても必ず北を向くことがわかります。

水槽の近くに他の磁石を置かないようにしましょう。磁石同士が引き合って違う方向を指してしまいます。

解説

磁石を水の上に浮かべると、必ずN極が北を指します。それはなぜでしょう？
もちろん水槽の近くに他の磁石を置いていたわけではありません。実は、地球が大きな磁石の役割を果たしているからなのです。
2つの磁石を近づけると、N極同士やS極同士では反発する力が、N極とS極の間では引き合う力がはたらきます。磁石を水の上に浮かべたときに、N極が北を指すということは、地球の北側にS極が、南側にN極があるということなのです。
ところで、磁石の極は、なぜN極やS極というか知っていますか？ それはまさに磁石を水に浮かべたときに北（North）を指す極をN極、南（South）を指す極をS極と決めたからなのです。

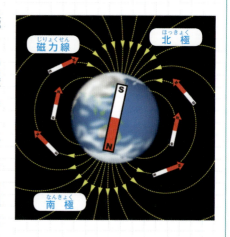

No. 2 電気と磁石

エジソン電球をつくろう！

難しさ ★☆☆　　かかる時間 60分　　対象 2年生以上

　最近では、あまり見かけなくなった白熱電球——。その白熱電球の中心部分で明るく輝くものを「フィラメント」といいます。よく知られている発明王トーマス・エジソンは、電球を商品化するため、フィラメントにするのに適切な材料を、世界中で探し求めました。その甲斐もあって、八幡（京都府）の竹に出会い、ついに電球を商品として完成させます。エジソンのおかげで、人々は夜になっても明るい便利な生活を手に入れました。

用意するもの

□竹串　　□アルミホイル　　□はさみ　　□カセットコンロ

手順

1. 竹串を3〜4センチの長さに切ります。

2. 竹串を海苔巻きのようにアルミホイルで包み、片方の端を捻って閉じます。

3. アルミホイルで包んだ竹串をカセットコンロなどで蒸し焼きにします。

広がったところを手で持っていると、熱くなりません。

4. 焼き上がったら、アルミホイルをはがします。

No.2 エジソン電球をつくろう！

5 竹炭が「カーン、カーン」と備長炭を打ち鳴らしたような音がすれば、焼き上がっています。もし、そうでない場合は、もう一度アルミはくで包んで焼き直ししましょう。

最初、大きかった電気抵抗は、約100オーム程度までに小さくなります。

6 焼き上がった竹炭の両端に導線をつないで、電圧をかけてみましょう。10ボルト程度かけると、竹炭が燃えて発光します。

竹炭が燃えると危ないので、カセットコンロなどの上で実験をしよう！

解説

　フィラメントとして実用化するには、長く燃え続けなければなりません。エジソンは、電球の内側をほぼ真空にして酸素をなくすことで、この問題を解決しました。しかし、フィラメントが蒸発するなどの課題もあり、アルゴンガスを入れて蒸発を防ぎ、発光時間を延ばしていきました。

No. 3 電気と磁石

圧電発電をやってみよう！

難しさ ★★★　かかる時間 30分　対象 2年生以上

　道路には乗用車やバス・トラックといった重い乗り物が走っています。これらの乗り物が走ると、大きな振動が生じます。このときの振動のエネルギーを利用して、発電ができれば、これまで利用しなかったエネルギーも有効活用することができますね。
　実は、人が歩くだけでも、その振動のエネルギーで圧電発電ができます。
　ここでは、2つの方法で圧電発電をしてみましょう。1つ目は、自分の靴で発電する実験です。もうひとつは、発電床をつくって発電する方法です。

❶ 足踏み圧電発電

まずは、自分の靴で発電してみましょう。

用意するもの

- ☐ 圧電素子（SPT08）
- ☐ ビーズ
- ☐ 白色LED
- ☐ ゴムシート（3ミリ厚）
- ☐ ブリッジダイオード（DF06M）
- ☐ 踵シート2枚
- ☐ セロハンテープ
- ☐ ホットボンド（はんだごて・はんだ）

手順

1 圧電素子の中心に、ビーズをセロハンテープで貼りつけます。ビーズを押しつけると、圧電素子に圧力が加わります。

ビーズで盛り上がった部分に圧力を加えるんだね。

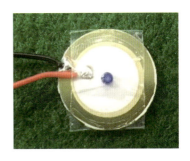

2 ブリッジダイオードの入力側（「〜」マーク側）に圧電素子を、出力側（「±（プラス・マイナス）」マーク側）に導線を括りつけ、ホットボンドで固めます。その上から、さらにセロハンテープを巻いて、頑丈にしましょう。はんだづけに自信があれば、はんだづけをしてもよいです。

ブリッジダイオードと導線は、しっかりととめよう！

3 LEDの根元にセロハンテープを巻き、足を折れにくくしてから、左右に開きます。

LEDは、足が折れやすいので、注意しましょう！

4 LEDと圧電素子とブリッジダイオードを、つなぎます。ビーズの上をトントンと叩いてみましょう。LEDが光れば成功です。

LEDのプラス・マイナスを間違わないようにしよう！

5 ゴムシートを自分の靴の踵の大きさに2枚切るか、あるいは100円ショップなどで売られている踵シートを用意します。

6 靴と踵シートが接する側に、圧電素子の部分をセロハンテープでしっかりと貼ります。これを2つつくります。

7 踵シートを靴の中に入れると完成です。歩いたり、ジャンプしてみましょう。

No.3 圧電発電をやってみよう！

❷ 発電床

続いて、発電床にチャレンジしてみましょう！

用意するもの

□圧電素子（SPT08）16個　□ビーズ16個　□白色ＬＥＤ多数　□導線
□ブリッジダイオード（DF06M）16個　□カッターマット（A4サイズ）
□タイルカーペット（A4サイズよりすこし大きいもの）　□セロハンテープ
□ホットボンド（はんだごて・はんだ）

手順

1. 圧電素子の中央にビーズをセロハンテープで貼りつけ、ブリッジダイオードとつなぎます。

2. 8個を直列に接続したものを2つつくります。

3. これらをカッターマットに貼ります。これらは、並列回路になります。

4. それぞれ2つの回路に出力用の導線を、それぞれにつなぎます。

15

5 最後に、タイルカーペットを被せて完成です。

解説

　水晶の結晶に強い圧力を加えると、結晶の内部で電気のバランスが壊れてしまいます。その結果、電圧が発生します。これを「圧電効果」や「ピエゾ効果」といい、放射線の研究で有名なキュリー夫人の夫ピエール・キュリーと、その兄ジャック・キュリーによって発見されました。現在、これを応用したものが「圧電素子」として知られています。
　圧電素子に電圧を加えると、まるで圧力を加えられたかのように歪み、スピーカーのように振動します。

No. 4 手回し発電機をつくろう！

電気と磁石

難しさ ★★☆　　かかる時間 30分　　対象 3年生以上

停電のとき、電気がなくて困ったことはありませんか？　そんなとき、自分で電気をつくれたらよいですよね。

そこで今回は、自分の力で発電してみましょう！　エネルギーについて考えるきっかけとなるでしょう。

用意するもの

□スチレンボード　　□ペットボトル　　□ペットボトルキャップ2個　　□ボルト
□モーター2つ　　□赤と黒の導線　　□銀色のダブルクリップ4個　　□ナット
□ストロー（ちょうどボルトが入るサイズのもの）　　□豆電球（2.2ボルト程度）
□網戸チューブ（ホームセンターなどで手に入る）　　□アルミテープ　　□はさみ
□ソケット　　□ゴムバンド　　□ビニールテープ　　□コンパス　　□カッター
□円カッター（ある場合のみ）　　□両面テープ　　□千枚通し

17

手順

❶ モーターを取り出そう!

モーターは、100円ショップの扇風機などから取り出すことで代用できます。

1 100円ショップの扇風機などから、モーターを取り出します。

2 取り出したモーターの先に網戸チューブをはめます。モーターに導線がついていない場合は、はんだなどで赤と黒の導線をつけ、その先端に銀色のダブルクリップを巻きつけます。これでモーターの改良の完成です。

❷ 回転部分をつくろう!

1 (あ) 8センチ×11センチを1枚、(い) 半径6センチの円を1枚、(う) 4センチ×6センチを4枚になるようにスチレンボードを切ります。円を切るときは、円カッターを使うと、きれいに切ることができます。

No.4 手回し発電機をつくろう！

2

❶で切った（あ）と（い）のスチレンボードの中央に、ボルトが入るように、穴を開けます。開けた穴に、スチレンボード2枚分の長さに切ったストローとボルトをねじこみます。

ストローを挟むことで、回転が滑らかになります。

3

ボルトがすべて入ったら、裏側からナットでとめます。

4

円盤の側面にゴムバンドをかけます。

5

❶の（う）から、写真のように、2×2センチの正方形を切り抜きます。4枚とも同じように切りましょう。

切り抜く正方形の大きさは、使うモーターによって変わります。モーターがぎりぎり入るくらいの大きさにしましょう。

 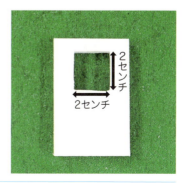

19

6 ❺で切ったものを、2枚ずつ両面テープで貼り合わせます。

7 ナットでとめた面のほうに、❻でつくったモーターの台を写真のように両面テープで貼りつけます。

テープでとめる前に、モーターを実際に入れてみて、適当な位置を確認してから固定するようにしましょう。

8 ❼をひっくり返し、円盤の端にペットボトルキャップを両面テープなどでつけます。これで回転部分の完成です。

No. 4 手回し発電機をつくろう!

❸照明部分をつくろう！

1 ペットボトルの先の部分を写真のように切り取ります。

2 切り取ったペットボトルの内側に、アルミテープを貼ります。アルミテープがないときは、両面テープとアルミはくでも代用できます。

3 ペットボトルの切り口に、ビニールテープを貼ります。

切り口で怪我をしないように気をつけましょう。

| 4 | ペットボトルのキャップの中央あたりに、豆電球の導線を通す穴を2つ開けます。 |

| 5 | 豆電球をソケットにねじ込みます。 |

| 6 | ❹で開けた穴に豆電球の導線を1本ずつ入れます。 |

| 7 | ❻のキャップをペットボトルに締めれば、照明部分の完成です。 |

No. 4 手回し発電機をつくろう！

❹つなげてみよう！

照明部分とモーターをつなげましょう！

1. 2つのモーターが並列になるように、導線のダブルクリップを赤同士、黒同士で挟んでつなげます。

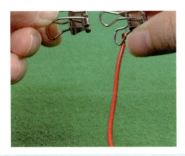

2. さらに照明部分の導線を、❶のダブルクリップで挟んでつなげましょう。

3. モーターを土台にはめ込んで完成です。

4

キャップに指を入れて、回してみましょう。豆電球はきちんと点くかな？

赤と黒のダブルクリップが触れないように気をつけましょう。くっつくとショートしてしまいます。ダブルクリップのまわりにテープを貼って絶縁したり、スポンジなどに切れ込みを入れて挟むと便利です。

解説

モーターは、扇風機や洗濯機などに使われていて、電気を流すと回転する仕組みになっています（電気エネルギーを運動エネルギーに変えています）。手回し発電機では、その仕組みを反対に利用して、回転させることで電気をつくっています。モーターでは、エネルギーの変換が行われているのです。

扇風機、洗濯機など
電気エネルギー　運動エネルギー
手回し発電機

やってみよう! その1 回す速さを変えてやってみよう！

回す速さと電球のあかりの強さには、どのような関係があるでしょうか。いろいろな速さで実験してみましょう！

No. 4 手回し発電機をつくろう！

やってみよう！ その2 素材を変えてつくってみよう！

お家にある段ボールなどを使って、つくってみましょう！素材によって、さまざまな工夫が必要です。

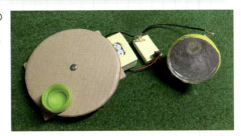

やってみよう！ その3 大きさを変えてつくってみよう！

円の半径を大きくすると、電球の点き方はどうなるでしょうか。試してみましょう！

やってみよう！ その4 LEDをつけてみよう！

ペットボトルキャップを付け替えて、大玉白色LEDを点けてみましょう！
LEDには、プラスとマイナスの区別があるので注意しましょう。

25

No.5 ペットボトルはく検電器をつくろう!

電気と磁石

難しさ ★★★　　かかる時間 20分　　対象 5年生以上

　冬にセーターを脱いだとき、バチバチッと音がしたことはありませんか？下敷きを頭にこすりつけて、髪の毛を立たせた経験がある人もいるかもしれませんね。これらはすべて「静電気」によるものです。ペットボトルで、はく検電器をつくって、身のまわりにある静電気の不思議を探ってみましょう！

用意するもの

□ペットボトル　□ペットボトルキャップ　□ゼムクリップ2個　□カッター
□段ボール　□アルミはく　□ステープラー（ホッチキスなど）　□コンパス
□はさみ　□千枚通し　□両面テープ　□ティッシュペーパー　□ストロー3本

手順

❶はく検電器をつくろう！

1 段ボールを円形やハート形、熊さんのように、好きな形に切ります。

星型のように尖った形にすると、尖った先から先端放電するので、尖った図形でないものにしましょう。

2 ❶で切った段ボールに、両面テープなどでアルミはくを巻きつけます。

しわや凹凸ができるだけできないように、きれいに巻きつけましょう！

3 クリップの外側の山をまっすぐに伸ばします。

クリップは、電気を通す銀色のものを使いましょう。コーティングされたものだと、電気が通らず、実験ができないので注意しましょう。

4 ペットボトルキャップの中央に、千枚通しなどで、クリップの太さ程度の穴を開けます。

27

5

❹のペットボトルキャップの穴に❸のクリップを通し、❷の段ボールの中央に、クリップの先端を挿します。余った先端を折り込み、ステープラーでとめます。

ステープラーは、クリップとアルミはくにしっかりと触れているようにしましょう。
2カ所以上とめておくと、頑丈です。

6

アルミはくを約8ミリほどの幅で、端から端まで切り取り、二つ折りにします。二つ折りになったアルミはくの輪のほうにゼムクリップを挟み込みます。

しわができないように、しっかり伸ばしておきましょう。しわになると、頑丈になるので、曲がってくれません。

7

❸のクリップに❻のクリップを引っ掛けます。

8

❼でつくったものを、ペットボトルの本体にのせて、キャップを閉めます。

No.5 ペットボトルはく検電器をつくろう！

9　ナイロン製や羊毛の洋服などでストローをこすり、はく検電器の上の板に近づけると、閉じていたはくは開きます。
※写真では、見えやすいように、はくを赤く塗ってあります。

10　これで、ペットボトルはく検電器は完成です。それでは、どうやって検電器として使うのでしょうか。

> ストローをティッシュでこすると、ストローはマイナスになり、同じストローをプラスチック消しゴムでこすると、なんとストローはプラスになります。ちょっと知っておくと、次の検電状態をつくったあとに役立ちます。

❷ 検電状態をつくろう！

1　ストローを近づけたまま、指で板に触れると、はくは閉じます。

2　先に指を離してから、ストローを遠ざけると、再びはくは開きます。これで、はく検電器は、検電状態になります。

29

3 検電器の上の板に、帯電（電荷がたまっていること）した様々なものを近づけたり遠ざけたり、指で板に触れてみたりして、はくの開き具合がどうなるか、試してみましょう。

解説

ペットボトルはく検電器のはくは、なぜ開いたり閉じたりしたのでしょうか？はくの開閉は、電荷の移動によって起こっているのです。電荷には、プラスとマイナスがあり、同じもの同士は退け合い、違うもの同士は引きつけ合います。この性質により、上図のようなことが起こっているのです。

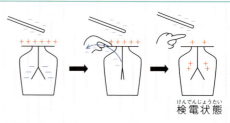
検電状態

また、検電状態のときにたまっている電荷のプラス・マイナスは、手順❾でこすり合わせた物質によって変わります。物質には、それぞれ下図のように帯電しやすさの傾向があるのです。このような図を「帯電列」といいます。2つのものをこすり合わせたとき、よりプラスに帯電しやすいほうがプラスに、もう一方がマイナスに帯電するようになっています。だから、ストローをティッシュでこすったときと、プラスチック消しゴムでこすったときで、プラスとマイナスが違ったのですね。

帯電列　　　　　　　　　　　　　　　※条件によって並び順が変わることがあります。

プラス（＋）の電気を帯びる	マイナス（−）の電気を帯びる
アスベスト／人毛・毛皮／ガラス／雲母／ナイロン／羊毛（ウール）／レーヨン／鉛／絹／木綿／麻／木材／人などの皮膚／ガラス繊維／亜鉛／アセテート／アルミニウム／紙／クロム／エボナイト／鉄／銅／ニッケル／金／ゴム／ポリスチレン／白金／ポリプロピレン／ポリエステル／アクリル／ポリエチレン／セルロイド／セロファン／塩化ビニル／テフロン

やってみよう！その1　検電状態の板に、プラスに帯電したものを近づけてみよう

はくの開きは、どのように変わるでしょうか。同じように、マイナスに帯電したものを近づけると、どのようなことが起こるでしょうか。実験してみましょう！

やってみよう！その2　いろいろなものをこすり合わせて、検電状態の板に近づけてみよう

その1 の実験をした人は、はくの開き方によって、近づけたものがプラスに帯電していたのか、あるいはマイナスに帯電していたのか、わかるはずです。

No. 6 電気と磁石

「かわむらのコマ」でゾートロープをつくろう!

難しさ ★★☆　　かかる時間 20分　　対象 3年生以上

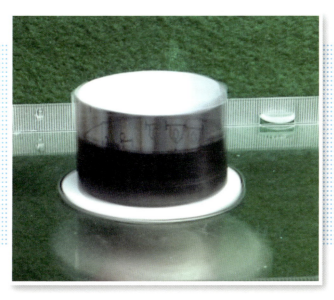

「もう、いくつ寝るとお正月〜♪　お正月にはタコ揚げて、コマを回して遊びましょう〜♪」のように、昔からコマ遊びは、私たちにとって楽しみのひとつでした。今回は、21世紀型のベーゴマ「かわむらのコマ」をつくって、ゾートロープを楽しんでみましょう!

用意するもの

□ 100円ショップの扇風機などモーターがついたもの　　□コピー用紙　　□はさみ
□ネオジム磁石（直径1センチぐらいのもの2個）　　□CDやDVDのケース
□乾電池（モーターを回すための電源）　　□セロハンテープ　　□カラーインク
□アルミ板（5センチ×5センチ、台所の油汚れ防止用や、アルミの皿を切ったものなど）
□プラスチック段ボール（5センチ×1センチ、1センチ×1センチ）
□ボールペン（シャープペンシルや鉛筆でもよい）

手順

1 プラスチック段ボールを、5センチ×1センチを1枚と、1センチ×1センチの1枚に切ります。

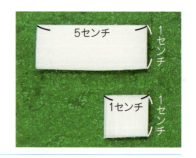

2 ❶で切ったプラスチック段ボールを重ね、セロハンテープを巻いて固定します。

3 長方形のプラスチック段ボールの両端に、ネオジム磁石を同じ極が上に向くようにセロハンテープで固定します。

4 プラスチック段ボールの1センチ×1センチの側の中心に、ボールペンや鉛筆、シャープペンシルなどの先の尖ったもので、モーターの軸が通る穴を開けます。

穴を大きく開けすぎると、モーターの軸が空回りするので注意しましょう。

No.6 「かわむらのコマ」でゾートロープをつくろう！

5 扇風機の羽を外してから、モーターのついた製品からモーターを外し、モーターの軸に❹を挿します。これで「かわむらのコマ」を回転させる装置の完成です。

6 次にコマの部分をつくります。文末の 付録1 にあるコマの型紙を、図の円の部分）が欠けないように、その周辺を大きく切り取りましょう。

7 両面テープで❻の紙をアルミ板に貼り、紙の円に沿ってアルミ板を切ります。

8 コマに臍を入れよう。これがコマの軸になります。

コマに臍を入れるとき、貫通しないように注意しましょう！

33

9　コマを回す回転台をつくります。CDケースなどの中のCDをはめる部分を取り外します。そのあと、コマをCDケースの中に入れましょう。

10　コマの紙の面を上にして回転台の上に置き、回転台のスイッチを入れて下から近づけてみよう。コマが手も触れてもいないのに動き始めます。これで「かわむらのコマ」の完成です。

回転台に2枚コマを入れて、弾き飛ばしたほうが勝ちというベーゴマ遊びができます。

11　「かわむらのコマ」が完成したところで、ゾートロープをつくってみよう。文末の 付録2 にある型紙から、黒の柵を切り取ってフェンスのように1周に丸めて、セロハンテープでとめます。

No.6 「かわむらのコマ」でゾートロープをつくろう！

12 ⓫をアルミ板にセロハンテープでとめます。

13 自分でデザインしたものを、内側に見えるようにしてはめます。これでゾートロープの完成です。

14 回転台を下から近づけてゾートロープを回してみましょう。人が運動しているのがわかります。自動パラパラ漫画のようなイメージです。

> ゾートロープは、アニメの原型です。回転バーを回転台に近づけると速く回り、遠ざけると回転のスピードが遅くなります。うまく近づけて、見やすい位置を探してみよう！

35

解説

「かわむらのコマ」は、回転台につけた磁石が回っている間、回り続けます。それはなぜでしょう？

もちろんアルミ板は磁石にはくっつきません。実は「渦電流」という電流が流れているためです。

まず、これを「右ねじの法則」といいます。コイルに電流が流れるときです。指先へ電流が流れるように、右手でコイルをつかむとき、親指の向きにN極ができます。

次に、これを「フレミングの左手の法則」といいます。磁石のN極の向きに人差し指を立て、電流が流れる向きに中指を立てると、流れる電流には、親指の向きに力がはたらきます。この力を「電磁力」といいます。

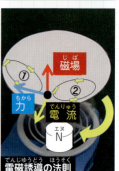

そして最後に「電磁誘導の法則」です。右図の円板の上の●を見てみてください。図の●の下側では、N極が時計まわりに回っています。すると、①のあたりでは、上向きにN極ができようとしますが、①の周辺では、それにイヤイヤ（反発）をして、下向きにN極をつくる向きに、渦巻きを巻くように電流が流れます。このときの渦電流は時計まわりです。

②の下では、上向きのN極が逃げていくので、それはイヤイヤをして、下向きにS極をつくってN極を引きつけようとします。その結果、反時計まわりに渦電流が流れます。

●のところには、①からも②からも、回転の内側から外側に向かって電流が流れます。「フレミングの左手の法則」に合わせると、円板を時計まわりに回す向きに力がはたらき、円板は時計まわりに回ります。

No.6 「かわむらのコマ」でゾートロープをつくろう!

やってみよう！その1 「ベンハムのコマ」

「ベンハムのコマ」とは、イギリスの玩具製造業者であるチャールズ・ベンハムの名前のついたコマです。文末の 付録1 の白と黒で模様がついたデザインです。「ベンハムのコマ」を回してみると、白と黒だけのデザインだったのに、色づいて見えます。目の錯覚によって出現する色なので、デジタルカメラやビデオで撮影してもその色は写（映）りません。ぜひ、自分の目で確かめてみましょう。

やってみよう！その2 ニュートンの7色コマ

ニュートンの7色コマは、文末の 付録1 にある7色の色がついているコマです。このコマを回すと、それぞれの色が見えるのではなく、7色が全部混ざった色として、白く見えます。

付録1

このページをコピーしてコマに貼ってみましょう。

 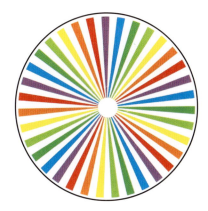

付録2

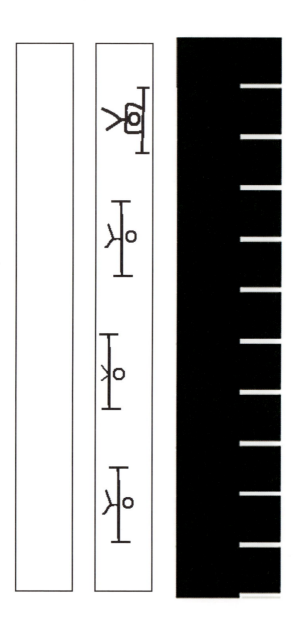

No.7 電気と磁石

クリップモーターカーをつくろう！

難しさ ★★★　かかる時間 60分　対象 2年生以上

　全国の高校生のお兄さんやお姉さんが科学の実力で日本一を争う「科学の甲子園」というイベントがあります。過去の全国大会では、このクリップモーターカーが競技種目となり、『クリップモーターカーF1選手権』が行われました。全国各地から、すごいクリップモーターカーが出場しました。
　小学生の皆さんもクリップモーターカーをつくってみよう！

用意するもの

□プラスチック段ボール（9センチ×6センチ）　□直径3センチのプーリー4つ
□竹串7センチ2本　□ゼムクリップ2個　□ビーズ4個（竹串に挿さるサイズ）
□ネオジム磁石1300ガウス2枚（4枚ならより強力）　□セロハンテープ
□太さ1ミリのエナメル線2メートル　□単3形乾電池　□輪ゴム
□発泡スチロール大（1センチ×2センチ×5センチ）　□紙やすり
□発泡スチロール小（1センチ×2センチ×3センチ）　□両面テープ

手順

1 ゼムクリップを扇形に開きます。単3形乾電池に、開いたゼムクリップの大きい方を、プラス極の出っ張りを囲むようにセロハンテープでとめ、同じようにマイナス極にもゼムクリップの大きい方をセロハンテープでとめます。

ゼムクリップの角度を揃えて、同じ高さに揃えるのがポイント！

2 1ミリのエナメル線を15回ほど巻いてコイルをつくり、コイルの両端は、左右に開くように伸ばします。

3 コイルの片端は、紙やすりでエナメルをすべてはがします（写真では左側）。反対側（写真では右側）は、エナメル線のこちらの面の半分だけエナメルをはがし、半分はエナメルを残しておきます（写真では裏面のエナメルをはがしています）。

コイルの両方のエナメルをはがしてしまったときは、片方に修正液などを塗りましょう！

4 発泡スチロールに、ネオジム磁石をセロハンテープでつけます。

No. 7　クリップモーターカーをつくろう！

5　発泡スチールの大きい方の台を、模型自動車のシャシにするプラスチック段ボールの板の上に貼り、その上に❶のゼムクリップつきの電池を貼ります。そして、ゼムクリップにコイルをのせます。

6　発泡スチロールの小さい方の台も、シャシの上に貼りつけましょう。

このとき、磁石は、互いに引き合う向きになっていることを確かめましょう。

7　車輪を取りつけ、さらに輪ゴムをつけると完成です。

クリップモーターカーを走らせてみましょう！　どのように工夫すると速く走るようになるかな？

41

解説

　モーターは、どうして回るのでしょうか？　磁石の近くには「磁界」という磁力が作用する空間ができています。磁界の中にある導線に電気が流れると、その電流は、磁界から力を受けます。受ける力の向きは、「フレミングの左手の法則」で知ることができます。
　これを磁界の中におかれたコイルにあてはめてみましょう。

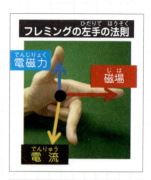

　左側の磁石の表面はＮ極で、右側の磁石の表面をＳ極とし、磁界の向きは左から右向きだとします。このとき、コイルの左側の導線の中を電流が向こうからこちらに流れると、フレミングの左手の法則より、コイルのその部分には、上向きの力がはたらき、コイルは時計まわりに回転します。クリップコイルでは、クリップのふれている導線の一方は、半分だけエナメルがはがしてあるので、途中から電流が流れなくなります。しかし、コイルには、時計まわりに回る惰性（これまでの勢い）があるので、そのまま時計まわりに回り続けます。やがてまた、エナメルをはがしてある部分とクリップが接触して電流が流れるので、コイルは続けて時計まわりに回ります。こうしてクリップモーターは回り続けるのです。

42

No. 7 クリップモーターカーをつくろう!

メモ

No. 8 力と運動

ペットボトルロケットを飛ばそう！

| 難しさ ★★★ | かかる時間 60分 | 対象 2年生以上 |

　すっかりお馴染みになったペットボトルロケットですが、それでも発射の瞬間は、感動的ですよね。身のまわりのものを利用して、ペットボトルロケットを飛ばしてみよう！

用意するもの

- □炭酸飲料型ペットボトル
- □自転車の空気入れ
- □ボールの空気入れの針
- □直径2センチのゴム栓（シリコン栓6号）
- □厚紙
- □セロハンテープ
- □水

手順

1 直径2センチのゴム栓かシリコン栓に、ボールの空気入れの針を挿し込みます。

2 ボールの空気入れの針を、自転車の空気入れにつなぎます。

3 ゴム栓（シリコン栓）をペットボトルに押し込みます。まずこのまま、栓の部分だけを手で持って、空気入れでペットボトルに空気を入れて、空気の力で飛ばしてみましょう。ただし、広い場所で行ってください。

やってみよう！ その❶

1 ゴム栓を軽くペットボトルの口にはめ、外れないように手で押さえます。

2 空気入れで空気を入れ、ペットボトル内の空気圧でゴム栓が外れそうになったら、手を放します。

どうでしたか？　あまり飛びませんでしたよね。また、ペットボトルの飛ぶ向きも、どの向きに飛んで行くのかわかりませんでしたよね。そこで、どうすれば安定した姿勢で飛ばせるでしょうか？　また、どうすれば遠くまで飛ばせるでしょうか？

やってみよう！その❷

1 最初に、ペットボトルの底で受ける空気抵抗を減らすように流線型にします。そのために、厚紙でコーンの形をつくって、ペットボトルの底にセロハンテープで取りつけます。

新幹線の先頭車両や飛行機の先頭部分も、空気抵抗などを減らすため、前に尖った形をしています。このような形を「流線型」といいます。

2 続いて、尾翼をつくって取りつけます。尾翼は、工作用紙を利用してつくり、本体にセロハンテープで取りつけます。これで、ペットボトルロケットの本体が完成です。これならば、空中できちんと飛行姿勢が保てます。

3 ペットボトルロケットのタンクに水を入れてから、ゴム栓を軽くペットボトルの口にはめ、外れないように手で抑えます。

4 空気入れで空気を入れ、ペットボトル内の空気圧でゴム栓が外れそうになったら、手を放します。

この方法でも100メートル程度飛ばせるので、人のいない広場で行いましょう。発射の瞬間は、かなりのスピードが出るため、ペットボトルロケットが当たって怪我をしないよう、十分に注意しましょう。また、ペットボトルロケットが飛ぶときに、水がかかる場合もあるので気をつけよう！

No.8 ペットボトルロケットを飛ばそう！

ところで、このペットボトルロケットを、ずっと遠くに飛ばすには、水の量をどのくらいにするとよいでしょうか？　また、打ち上げる角度はどのくらいがよいか確かめてみましょう。

やってみよう！　その❸

ペットボトルロケットのタンクの水の量を多くしたり、少なくしたりして、飛ばしてみましょう。

やってみよう！　その❹

ペットボトルロケットの打ち上げの角度を高くしたり、低くしたりして、飛ばしてみましょう。

解説

ペットボトルロケットのタンクに、ほんの少ししか水を入れなっかたときは、空のペットボトルロケットを飛ばしたのと同じような結果です。逆に、半分以上もの水を入れたときはどうでしょうか？ペットボトルロケット自体が、とても重くなってしまって、この場合もあまり遠くまで飛びません。水の量は、約3分の1ぐらいがよいとされています。

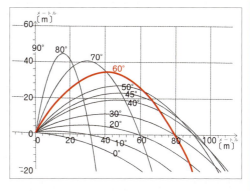

それでは、ペットボトルロケットの打ち出しの角度は、何度ぐらいがよいでしょうか？　物理学では、グラフのように45°で打つのがよいとされているのですが、これはあくまでも空気抵抗などを無視した理想的な場合です。実際には空気抵抗だけでなく、その日の風況など、いろいろな原因もあり、一筋縄で決まらないのが面白いところですね。グラフは、打ち出し速度が毎秒30メートルのときの小物体の理想的な軌道です。ペットボトルロケットでは、60°で打ち出すのがよいといわれています。

47

No. 9 力と運動

ビー玉ロケットカーを つくろう！

難しさ ★★☆　　**かかる時間** 60分　　**対象** 2年生以上

　ビー玉ロケットカーの正式名は、「ビー玉運動量カー」といいます。ビー玉の数を多くすると、ビー玉運動量カーは、どんどん加速して速くなりますが、ビー玉の数が少ないと、すぐに等速直線運動（速さや方向を変えずに行われる運動）の状態になり、その後、空気抵抗や摩擦のため、短い距離を走って止まってしまいます。うまく走らせてみよう！

用意するもの

□プラスチック段ボール（20センチ×3.5センチの長方形1枚）　□竹串2本
□貼りパネル（厚さ4ミリ程度、2辺が15センチ×15センチの二等辺三角形2枚、20センチ×1.8センチの長方形1枚）　□プーリー（直径3センチを4つ）
□ビー玉（直径2センチ程度を5～6個）　□セロハンテープ　□はさみ

手順

1 台車をつくります。幅が 3.5 センチで長さが 20 センチの長方形にプラスチック段ボールを切り出し、台車のシャシとします。

2 車輪と竹串を利用して、4 輪車にします。

車輪は、模型自動車の車輪などがあれば、それを使ってもよいですが、ちょっとリサイクル（再利用）の気持ちをもって、ペットボトルのキャップを使ってみませんか？

3 滑り台をつくります。2 辺が 15 センチの直角二等辺三角形 2 枚を側板として、2 センチ × 12 センチの板 1 枚を斜面として、スチレンボードから切り出します。

4 斜面と側板をセロハンテープでとめて滑り台をつくり、これをセロハンテープで台車の後方に貼りつけます。

5 ビー玉を入れる筒をつくります。10センチ×8センチの工作用紙を2センチ幅に折り、筒型にし、筒の下側のひとつの面に2センチの切り込みを入れて、滑り台に取りつけます。

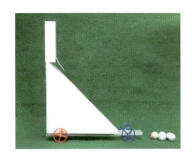

 筒の切り込みは、ビー玉が発射されるゲートとなるので、丁寧に工作しよう。

6 筒からビー玉を入れて、滑り台から滑らせます。ビー玉の個数によって、ビー玉ロケットカーの動き方がどのように変わるか調べてみましょう。

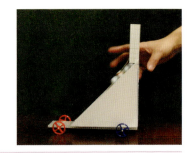

解説

No.8で紹介した「ペットボトルロケット」もそうですが、ロケットは、自分の胴体の中に詰め込んである燃料を燃やし、体積を増大させ、胴体の外に噴射することで進んで行きます。このときに利用される物理法則が「運動量」です。

空気抵抗や摩擦がある世界でロケットを発射させる場合、運動量をもった物体を、後方に噴射できなくなると、ロケットは前に進めなくなります。

宇宙でロケットエンジンを止めても進めるのは、空気抵抗などがないので、そのときにもっている速度のまま等速直線運動を続けることができるからです。ロケットは進行の向きを変えるのに燃料を噴射して変えます。もしも、燃料がなくなってしまうと、地球に戻ってくることができなくなります。

No. 10 笛をつくろう！

力と運動

難しさ ★☆☆　　かかる時間 20分　　対象 1年生以上

　笛には、縦笛と横笛があります。笛に息を吹き込むと、空気にカルマン渦ができます。この渦が空気を振動させ、いろいろな高さの音を生み出します。笛の筒の長さにあった音だけが大きく聞こえます。このことを、「音の共鳴」といいます。これが笛の音の高さになります。
　今回は、2つの笛をつくります。ひとつは、ドレミファソラシドと1オクターブを鳴らすことができる笛です。もうひとつは、トロンボーンのように長さが変わるブーブー笛です。

用意するもの

□ストロー（太さ6ミリ）　□厚紙　□セロハンテープ　□はさみ　□定規

手順

❶「1オクターブ笛」をつくろう!

1 ストローを、ドレミファソラシドの音が出る長さに切ります。ドは8センチ、レは7.1センチ、ミは6.3センチ、ファは6センチ、ソは5.3センチ、ラは4.7センチ、シは4.2センチ、そして高い方のドは4センチです。

ストローの長さは、気温が15℃のときの音の速さを秒速340メートルとしたときの長さです。気温が変わると音の高さが少しずれるので、注意しましょう!

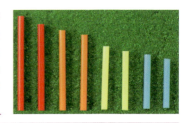

2 厚紙の上に、ストローを1本分以上ほど間をあけて、ドレミファソラシドの順に並べ、セロハンテープでとめます。

ストローをくっつけて並べると、笛を吹き分けるのが難しいので、1本分あけるとやりやすいです。でも、ハーモニカの上手な人は、間をつめても大丈夫!

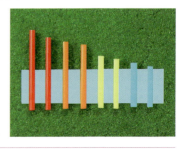

3 最後に、ストローの底をセロハンテープでフタをして完成です。楽しく吹いてみましょう。

ストローの底をフタしなくても、笛を鳴らせる人もいます。尺八を鳴らせる人は、底がなくても鳴らせますが、尺八を鳴らすのは難しいです。このストロー笛も、底がないと難しいよ。

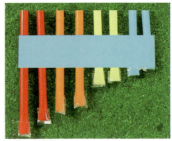

❷「ブーブー笛」をつくろう！

用意するもの

□ストロー（太さ６ミリ）　□太めのストロー（太さ６ミリ以上）　□クリアファイル
□太めのストローの径に切ったスポンジ　　□セロハンテープ　　□はさみ

手順

1 ストローを10センチぐらいに切り、一方の端を、ブーブー笛の形に切ります。

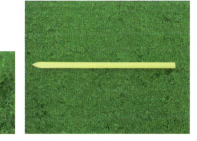

2 尖ったほうを、指で平に薄くなるように押し潰します。

3 尖ったほうを、口にくわえて息を吹き込み、「ブー！　ブー！」と鳴れば、ブーブー笛の完成です。

> ブーブー笛を口にくわえるときは、少し深めにくわえて吹くと、うまく鳴るよ。

❸「ブーブー笛」の長さを変えてみよう！

1 太いストローの径と同じ大きさの円で切り取ったスポンジの中央に、千枚通しで穴を開けます。

2 開けた穴に、ブーブー笛を通します。

3 太いストローに、スポンジを写真のように挿し込みます。

4 クリアファイルを、太いストローと同じくらいの長さに切ります。

5 太いストローより少しだけ太く丸めて、テープでとめます。

No.10 笛をつくろう！

6 被せた太いストローを、トロンボーンのように抜き差しして、長さを変えてみましょう。音の高さが変わるのがわかります。

解説

音には、「音の大きさ」「音の高さ」「音色」の3つの要素があります。音は、目では見えませんが、オシロスコープなどの機械で見ると、波の形に見ることができます。

音の大小は、波の大小で、音の高低は、波の数で表されます。音色は、この波の形になります。笛などの楽器の音色が違うのは、この形に違いがあるからです。ストローでつくるトロンボーンは、音程（音の高低）を変えることができます。どのような状態のとき音程が高くなり、そして低くなるのでしょうか？ また、他のストローに変えると、音はどう変化するのでしょうか？ いろいろ試してみましょう。

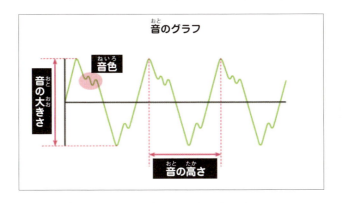

55

No. 11 力と運動

スターリングエンジンカーをつくろう！

難しさ ★★★　　かかる時間 120分　　対象　4年生以上

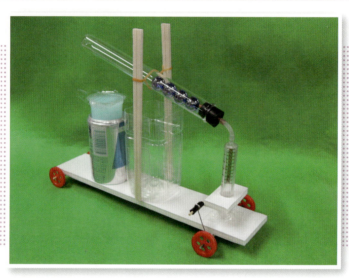

　環境問題が深刻化しても、自動車などの乗り物は必要です。そんな中、注目されているのが、環境に優しいとされる「スターリングエンジン」を使った車です。このエンジンは、外熱機関といって、ガソリンやディーゼルのエンジンとは異なるタイプのエンジンです。スターリングエンジンの模型自動車を走らせてみよう。

用意するもの

☐ガラス注射器　　☐ゴムチューブ　　☐銅パイプ　　☐ゴム栓　　☐割りばし２本
☐試験管　　☐ビー玉　　☐輪ゴム　　☐アルミ線（太さ３ミリ程度、写真では緑色）
☐500ミリリットリのペットボトル　　☐直径３センチのプーリー４つ　　☐竹串
☐ストロー　　☐針金（太さ１ミリ程度、写真では銀色）　　☐ビニールテープ
☐セロハンテープ　　☐空き缶　　☐固形燃料　　☐点火装置　　☐ペンチ　　☐ペン
☐はさみ　　☐スチレンボード（厚さ５〜７ミリ程度、６センチ×30センチと６センチ×３センチにカットしたものを用意）　　☐カッター　　☐定規

手順

1 アルミ線をペンチで曲げて、クランクをつくります。クランクの大きさは、プーリーの半径よりも大きくならないように注意しましょう。また、2つのクランクの間は6センチ以上あけるようにします。

2 針金をペンチで曲げて、アームをつくります。

3 アームの一方にクランク、もう一方に竹串を通します。

4 アームの位置が動かないように、竹串にビニールテープを巻き、ストッパーをつくります。

5 6センチの長さのストローに、縦に切り込みを入れます。

6 ストローをクランクシャフトに通し、切り込みをセロハンテープでとめます。

7 クランクの両側にプーリーを通します。

8 6センチ×3センチにカットしたスチレンボードの真ん中に、ガラス注射器のシリンダーが通る径で穴を開けます。

No.11 スターリングエンジンカーをつくろう!

9　スチレンボードの穴にガラス注射器のシリンダーを通します。

10　スチレンボードの一端に❼でつくったクランクシャフトの竹串の部分をセロハンテープで固定します。

11　ゴム栓に銅パイプを通します。

12　試験管にビー玉を入れます。試験管の底を割らないように、試験管を斜めに傾けて入れましょう。

| 13 | 試験管の口を、銅パイプを通したゴム栓で塞ぎます。 |

| 14 | 6センチ×30センチにカットしたスチレンボードの真ん中に、半分に切ったペットボトルをセロハンテープで固定します。ペットボトルの側面に、割らない状態の割りばしの太い方を上にして固定します。 |

| 15 | 割りばしに輪ゴムを二重にしてかけます。 |

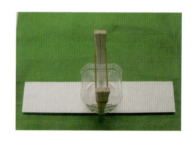

| 16 | 輪ゴムを2回から3回ねじります。 |

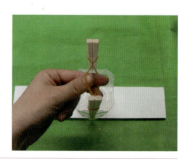

No.11 スターリングエンジンカーをつくろう！

17 輪ゴムに試験管を通します。

18 試験管と注射器をビニールチューブでつなぎます。

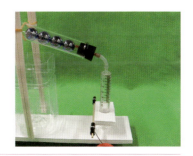

19 竹串にプーリー、ストロー（長さ6センチ）、プーリーの順で通します。

20 注射器のピストンの頭をセロハンテープで車体の上面に固定します。また、車体の裏側にクランクシャフトのストロー部分を固定します。⑲のストロー部分を車体の裏側に固定します。

21 半分に切った空き缶を車体の上面に固定し、その上に固形燃料をのせます。

22 火を点火してみましょう。スターリングエンジンカーはどんな動きをするでしょうか。

解説

　試験管の底に熱を加えると、ピストンとビー玉が動き、模型自動車が走り出しました。この動きについて、詳しくみてみましょう。
　スターリングエンジンは、4つの過程を繰り返すサイクルをします。

●1つ目の過程
固形燃料の火によって、試験管の底が過熱されて、試験管内の空気の温度が上がります。これを「定積加熱過程」といいます。[A → B]

●2つ目の過程
温められた空気は膨らみ、ガラス注射器のシリンジを押し上げます。シリンジが上がるにつれて試験管が傾き、ビー玉は試験管の底へ移動します。これを「等温膨張過程」といいます。[B → C]

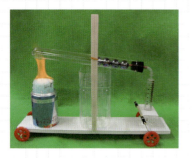

No.11 スターリングエンジンカーをつくろう！

● 3つ目の過程

試験管の口へ移動した空気は、冷やされて温度が下がります。これを「定積冷却過程」といいます。[C → D]

● 4つ目の過程

冷やされた空気は縮み、ガラス注射器のシリンジは押し下げられます。シリンジが下がることで、ビー玉は試験管の口へ移動します。これを「等温圧縮過程」といいます。[D → A]

　スターリングエンジンの4つの過程を、圧力 p と体積 V に注目して、p と V のグラフを描いてみましょう。グラフは、ループ（輪の形）状になりました。

　ところで、これら4つの過程を理想的に繰り返すことを考えたとき、つまり、断熱膨張→等温膨張→断熱圧縮→等温圧縮というサイクルを「カルノーサイクル」といい、一番効率のよいサイクルです。

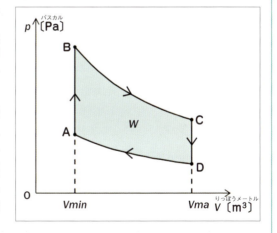

No.12 化学

人工イクラをつくろう！

難しさ ★★☆　かかる時間 40分　対象 4年生以上

　天然のイクラは高級品ですが、スーパーなどでは、人工でつくられたイクラが安く出回っている場合もあります。人工イクラも、並べただけでは天然と見分けがつかないほどです。触るとプニプニし、膜を破ると中から液体が出てきます。

用意するもの

□アルギン酸ナトリウム（1グラム）※　　□塩化カルシウム（10グラム）※
□割りばし　□輪ゴム　□水　□ストロー　□ガーゼ
□食紅（赤色と黄色を混ぜ合わせてオレンジ色にしたもの）
※薬局やホームセンターなどで取り寄せられます。

手順

1 アルギン酸ナトリウム1グラムを、100ミリリットルの水に少しずつ加え、混ぜながら溶かします。すべて溶けるまでに20〜30分ほどかかります。

2 塩化カルシウム10グラムを、100ミリリットルの水にゆっくりと加えながら溶かします。
※溶かすときに熱が発生するので注意！

3 まず、透明な人工イクラをつくってみましょう。ストローを使って、アルギン酸ナトリウム液を、塩化カルシウム液に1滴ずつポタポタと落とします。

4 カップの口にガーゼを被せ、輪ゴムでとめます。これを使って、❸の人工イクラをこし取ります。こし取った人工イクラを水でよく洗います。これで透明な人工イクラの完成です。

5 次に、食紅を使って色をつけてみましょう。アルギン酸ナトリウム液に食紅を加え、イクラ色にします。食紅は、赤色と黄色を混ぜ合わせ、しっかり溶かすとオレンジ色になり、イクラのような色になります。

6 ストローを使って、色をつけたアルギン酸ナトリウム液を、塩化カルシウム液に1滴ずつポタポタと落とします。

 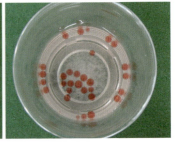

7 カップの口にガーゼを被せ、輪ゴムでとめます。これを使って、人工イクラをこし取ります。こし取った人工イクラを水でよく洗います。

解説

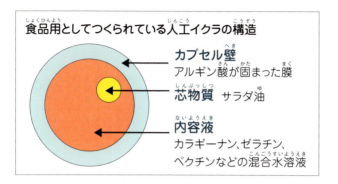

　人工イクラは、マイクロカプセルの技術を用いています。マイクロカプセルとは、その大きさが数マイクロメートル（μm：100万分の1メートル）〜数百マイクロメートルの範囲の微小なカプセルで、中に気体、液体、固体と様々な物質を入れることができます。中に入っている物質を「芯物質」、カプセルを「カプセル壁」と呼びます。マイクロカプセルは、こすって香りが楽しめる栞や粉末スープなど、日常の色々なところで利用されています。

　アルギン酸ナトリウム液を塩化カルシウム液に垂らすと、アルギン酸ナトリウムとカルシウムイオンが反応して、表面だけ固まり、カプセル状になります。固まったカプセル壁は、水に溶けません。膜の内側には、アルギン酸ナトリウム液が入ったままとなり、イクラのような構造になります。できあがった人工イクラを塩化カルシウム液から素早く取り出す、あるいは塩化カルシウム液の濃度を低くすると、薄い膜になり、より天然に近い触感になります。また、アルギン酸ナトリウムを1滴ずつ垂らさずに細長く絞り出すと、細長いままのものができます。

　アルギン酸ナトリウムは、ヌルヌルとした食物繊維のひとつで、昆布などの海藻に含まれています。食品添加物や医薬品としても利用されています。塩化カルシウムは、豆腐の凝固に使う苦汁に含まれています。水に溶け、融点を下げたり、また、溶けたときに熱を発生したりする性質から、除湿剤や凍結防止剤に使われています。アルギン酸ナトリウムも塩化カルシウムも食品に含まれていることから、できあがった人工イクラは、口にすることができます。しかし、今回つくった人工イクラは、念のため食べないようにしてください。

No. 13 化学

カイロをつくろう!

難しさ ★☆☆　　かかる時間 20分　　対象 1年生以上

　冬の寒いとき、温かいカイロがあれば助かりますね。このカイロ、実は身近なものでつくることができます。一般に化学反応はすべて、熱が発生するか、熱を吸収するかのどちらかで起こります。化学反応が遅いと、その熱を感じることはできませんが、ある程度速い化学反応では体感できます。カイロの発熱は、特別な現象ではないのです。
　今回は、鉄粉を利用してホカホカのカイロをつくってみましょう!

用意するもの

□鉄粉（なるべく細かいもの）　□活性炭（消臭剤などに入っている粉）
□食塩　□お茶パック　□雑巾　□金づち　□チャックつきポリ袋

1 活性炭をチャックつきポリ袋に入れ、雑巾などを当てがって金づちで叩きます。

 なるべく細かくなるまで叩こう！

2 砕いた活性炭が湿る程度に食塩水を染み込ませて混ぜます。

3 お茶パックの中に、食塩水が染み込んだ活性炭と鉄粉を入れてから、チャックつきポリ袋の中に入れます。

4 使用するときは、お茶パックごと取り出して、この中に空気が通るように約5分ほど揉みましょう。

解説

　ガードレールなどが錆びているのを見たことがありますか？　使い捨ての携帯用カイロは、この一見役に立ちそうにない「サビ」を利用しています。鉄が錆びるのは、空気中に含む酸素と反応するためです。この化学反応のときに出す発熱を利用しているのがカイロなのです。

空気に触れると…

空気中の酸素が鉄と化学反応を起こして発熱します。

　また、カイロは、活性炭に水や食塩水を染み込ませ、鉄から適度に熱が出るよう調整されています。単純にいえば、「鉄」「活性炭」「水（食塩水）」「空気（酸素）」の４つが結びつくときに発熱されるのです。

　日常生活でよく目にする鉄が錆びる現象は、とてもゆっくりとした反応なので、熱を感じることはありません。しかし、今回使った活性炭には、たくさんの小さな穴があり、空気中の酸素をたくさん取り込んで、鉄粉を早く錆びさせることができます。また、食塩水も鉄が錆びる反応を早く進めるのに役立っています。

No. 14 化学
大きな結晶をつくろう!

難しさ ★★★　　かかる時間 1カ月～3カ月　　対象 1年生以上

3日 → 3週間 → 2カ月半

「結晶」と聞くと、雪の結晶を思い浮かべます。雪の結晶はとてもきれいですが、すぐに融けて消えてしまいます。
そこで、自分で消えない結晶をつくってみましょう。せっかくなので大きいほうがよいですね！　使うものは、雪……ではなく塩やミョウバンです。今回は、身近にある食塩で結晶をつくってみましょう。

用意するもの

☐プラスチックコップ　　☐水　　☐食塩　　☐割りばし　　☐ナイロン糸

手順

1 食塩の中から、少し大きな結晶を探しましょう。これが種結晶です。ナイロン糸の先に括りつけます。

2 コップの中にとても濃い食塩水をつくります。

3 コップの縁に割りばしを横に渡します。割りばしの中央から糸を食塩水の中に垂らします。このとき、結晶の種が食塩水の真ん中にくるよう注意しましょう。

結んだ種は落ちやすいので、慎重にセットしましょう。種は、食塩水のちょうど真ん中あたりに吊るすようにしましょう。上すぎると、食塩水が蒸発するときに、液の外に出てしまいます。また、下すぎると、結晶が成長したときに、底に触れたり、振動によって結晶が崩れてしまいます。

4 食塩だと、大きな結晶になるのに1カ月半から3カ月程度かかります。

せっかくの機会なので、結晶の成長をじっくり観察してみましょう！

No.14 大きな結晶をつくろう!

やってみよう!

同じ手順でミョウバンの結晶もつくってみましょう。食塩よりも大きな結晶ができるよ!

解説

水に物質を溶かしたものを「水溶液」といいます。その代表例が食塩水です。このとき、食塩を「溶質」、水を「溶媒」といいます。

一定の量の水に物質がどれだけ溶けるか、その限度を表したものを「溶解度」といいます。図は、水の温度と溶解度の変化を表したグラフです。

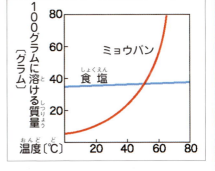

ゆっくりと溶媒が蒸発していくと、水溶液の濃度が濃くなり、溶けきれない溶質が析出(液体から固体が分離して出てくること)してきます。うまくつくると、大きな結晶に成長させることができます。

No. 15 生物

豆腐をつくろう！

難しさ ★★　　**かかる時間** 120分（下準備1日）　　**対象** 2年生以上

　豆腐には、美味しい食べ方がいろいろあります。もちろん夏の暑いときには、冷奴が最高ですね。冬の寒いときには、みんなで鍋を囲んで湯豆腐もよいですね！　そのほかにも揚げ出し豆腐などの食べ方がありますね。健康で美味しい豆腐を手づくりしてみましょう！

用意するもの

□大豆　□苦汁　□ミキサー　□水が入ったペットボトル（重しに使用）
□木綿布　□牛乳パック　□鍋　□お玉杓子

手順

1 大豆を十分に洗い、一晩、水につけます。写真のように、水を吸って大豆が大きくなります（下準備）。

節分のときに撒いた豆の場合は、よりふやかすようにしましょう。

2 豆腐の型をつくるために、牛乳パックの下3分の1を利用します。水切りをするために、側面に穴を開けます。さらに、その中に木綿布を敷きます。

3 つけおきして柔らかくなった大豆をミキサーに入れ、大豆の高さまで水を入れ、ミキサーですり潰します。

大豆を入れ過ぎると、ミキサーを回すときに、こぼれてしまうので注意！

4 すり潰した大豆に、同じ高さまで水を加え、強火で20分くらい煮込み、冷やします。

5 十分に冷やしてから木綿布で濾します。このときに、搾った汁が「豆乳」、布に残ったものが「おから」です。

6 豆乳を鍋に入れて加熱します。70℃くらいに保ちながら苦汁を少しずつ入れ、かき混ぜます。

7 豆乳が固まり始めてきたら、お玉杓子などですくって、つくっておいた型に入れます。その上に木綿布を被せてから重しのペットボトルをのせます。

牛乳パックに開けた穴から、水分が出ていくのが見えるかな?

No. 15 豆腐をつくろう！

8 固まったら、型から取り出し、水で十分にさらします。これで完成です！ さあ、さっそく試食しましょう。美味しくできたかな？

解説

豆乳に苦汁を入れると固まりました。苦汁の主な成分は、塩化マグネシウムです。塩化マグネシウムを水に溶かすと、1個のプラスイオンと、2個のマイナスイオンになります。

大豆のタンパク質には、食酢についているのと同じカルボン酸が含まれていて、水中ではマイナスイオンになっています。苦汁からのマグネシウムイオンを加えると、マイナスイオンと結合します。マグネシウムを加えていくと、タンパク質は徐々に結合して沈殿します。その結果、大きな塊となり、豆腐ができます。

大豆は、古くから日本の伝統文化の中で食べられてきました。特に京都では、京豆腐、京ゆばなどの伝統的加工食品が京料理とともに発展してきました。豆腐の命は「水」です。昔から豆腐が美味しいと評判の京都の水は軟水で、軟水は豆腐づくりに最適な水です。豆腐は、京都に限らず今なお全国の食卓を潤し続けています。

No. 16 生物

パンをつくろう！

難しさ ★☆☆　かかる時間 120分　対象 3年生以上

　皆さんの朝食は、いつもお米ですか？　最近は、朝にパンを食べるお家も多いですよね。人がパンをつくり始めたのは、とても昔のことです。なぜ、あんなにふっくらしたパンができるのでしょう？　秘密は、とっても小さな生物、微生物にあります。ホームベーカリーを使わずにパンを手づくりして、その働きを発見していきましょう！

❶パン酵母の発酵を観察しよう！

用意するもの

☐パン酵母（ドライイースト）4グラム　　☐砂糖6グラム　　☐水50cc
☐透明なプラスチックコップなどの容器

手順

1. 水50ccを人間の体温に近い約40℃に温め、砂糖6グラム、ドライイースト（パン酵母を乾かして眠らせているような状態）4グラムを入れて、かき混ぜます。

2. しばらくそのまま放置しておきます。写真は、放置してから15分経過した状態です。

3. 約30分もすると、写真のように泡ぶくでいっぱいになります。この状態を「予備発酵」といいます。

容器の中はどんなふうに変わっていったかな？ 予備発酵では、40℃近くのぬるま湯を使いました。ここでは、絶対に熱湯や冷水は使ってはいけません。パン酵母は生き物なので、60℃以上では死んでしまい、10℃以下では活動してくれません。泡の正体は二酸化炭素です。いっぱいの泡ぶくから甘酒に似た芳醇な匂いがしてきましたね！

❷ パンを手づくりしよう!

用意するもの

☐パン酵母(ドライイースト)4グラム　　☐強力粉 200 グラム
☐塩 3 グラム　　☐バター 20 グラム　　☐砂糖 30 グラム　　☐牛乳 150cc

1　強力粉 200 グラムに、ドライイースト 4 グラム、バター 20 グラム、砂糖 30 グラムを加え、牛乳 150cc をゆっくりと加えながら、しっかりと混ぜます。

2　❶で混ぜたパン生地がまとまってきたら、塩を加えます。

塩を加えることによって、パン生地を強くするよ!

3　パン生地を引き伸ばし、半分に折り返して、また引き伸ばす……といった形でこねていきます。

このこね方の上手さで、おいしいパンができるかどうか決まります!

No.16 パンをつくろう！

4 十分にこねたら、ラップをかけて約30℃に保ちつつ、30分以上ねかせます。

ねかせている間、パン生地は、どのように変化していくかな？ ここで膨らんでいく様子を「一次発酵」というよ。

5 30分ほど経ったら、パン生地を指で押してみます。押されたところがすぐに戻らないようなら、一次発酵は完了です。窪んですぐに戻ってしまうなら、温度を30℃にしたまま、もう少し放置しましょう。これを「フィンガーテスト」と呼びます。

6 一次発酵のあと、手で丸めて好きな形にしましょう。これを「成型」といいます。そして、再び30分以上放置して「二次発酵」させます。

7 二次発酵も終わったら、オーブントースターなどで10分から15分焼けば、できあがりです。

パンを焼いている間の様子も観察しよう！　パン酵母のおかげで、ふっくらしたパン生地を好きな形のままで焼き上げることができるよ。

解説

　パンづくりに不可欠なのは、小麦粉や牛乳よりもまず、酵母菌（イースト菌）です。酵母とは、微生物の一種で、自分たちが生きていくために、人間にとって必要なものをつくり出してくれるのです。微生物が食べ物の中で繁殖する際に、その成分を変化させることを「発酵」といいます。これは、ものが腐る働きとほぼ同じですが、人間にとって利益があるため、特に発酵と呼んで区別しています。
　発酵は、人類最古の「バイオテクノロジー」です。バイオテクノロジーとは、微生物を利用した技術のことです。酒、チーズ、味噌などの食品を人は昔から発酵の力でつくってきました。特に日本人は、発酵食品の恩恵をたくさん受けています。味噌、醤油、酢などの調味料や、その他にも鰹節や納豆などがあります。
　このように微生物の力を利用した発酵によって、トウモロコシなどからガソリンの代わりになるバイオエタノール燃料をつくり出したり、あるいは水素をつくり出そうとする、環境に優しいエネルギー技術も研究開発されています。

No.17 生物

ドライフラワーと プリザーブドフラワーをつくろう！

難しさ ★☆☆　　**かかる時間** 30分～1週間　　**対象** 2年生以上

　四季折々の花は、とても美しいですよね！　お花を飾ると、楽しくて穏やかな気持ちになりますね。しかし、お花は、時間が経つと枯れてしまします。枯れてしまったお花を見ると、本当に悲しくなりますね。今回の工作では、お花を長い間きれいに保存するための2つの方法を紹介しましょう。

❶ドライフラワーをつくろう！

用意するもの

☐花　　☐乾燥剤　　☐染色液　　☐プラスチックコップ

手順

1 花を着色する場合、着色剤に花を挿して1日おきます。しっかりと着色剤を吸うと、きれいな色に着色されます（花本来の色を残したい場合は、この手順は必要ありません）。

茎の断面を斜めに切ると、花が着色剤をたくさん吸うよ！
茎の断面は、写真のように見ることができます。

2 花を適度な大きさに切り、乾燥剤の中にしっかりと沈めます。

3 1週間ほど経ったら、取り出してみましょう。壊れやすいので、ゆっくり取り出します。

❷プリザーブドフラワーをつくろう！

用意するもの

□花　□着色剤　□プラスチックコップ　□エタノール　□グリセリン

1 エタノールをプラスチックコップに入れて、花を浸します。花の色を残したい場合は数時間、完全に脱色する場合は1日漬けましょう。

＊エタノールを使うときは、部屋をよく換気しましょう。また、エタノールは、蒸発しやすいので、ラップをかけて輪ゴムでとめましょう。

花がエタノールの中で浮いてこないように、花の先にクリップを付けて重しにすると、しっかり漬け込むことができるよ！

2 ゆっくりと取り出し、グリセリンに浸します（花本来の色を残す場合には、グリセリンのみに浸します。花を着色する場合には、グリセリンと着色剤を5対1程度に混ぜて漬け込みます）。

3 2〜3日グリセリンに漬け込んだあと取り出して、もう一度エタノールで数分間すすぎます。

4 かわいくオシャレに飾ってみましょう。これで完成です！

解説

　ドライフラワーは、乾燥剤を使って花の中の水分を吸い取り、乾燥させました。プリザーブドフラワーは、2種類の薬品を使います。それぞれの薬品には、どういった作用があるのでしょうか。

　「エタノール」には、脱水作用があります。そのため、花を漬けると、花の中の水分が抜けていきます。「グリセリン」は、保湿作用があり、化粧品や軟膏などに含まれています。グリセリンを使うことによって、花の艶感を保ち、美しいプリザードフラワーが完成します。天然のグリセリンは、ヤシ油やパーム油などを原料としています。そのほか、水彩絵の具や目薬などにも使用されています。

　プリザーブドフラワーは、フランスで1990年代に開発された、生花とも造花とも違う新しい種類のお花です。本物のお花を最も美しい時期に収穫し、植物の樹液を人体や環境に無害なオーガニック（有機物）におきかえることで、いつまでも瑞々しい美しさを保ちます。触った感じも柔らかく瑞々しいため、生花と見間違うほどです。ドライフラワーのようにカサカサした感じもありません。

86

No. 17 ドライフラワーとプリザーブドフラワーをつくろう!

メモ

No.18 地学

風向・風速計をつくろう！

難しさ ★☆☆　　かかる時間 20分　　対象 2年生以上

　風力発電を動かすためには、どんな風が吹いているのかを知らないといけません。そこで、風を調べる実験機が必要になります。風速が毎秒1メートルは、どんな風かな？　簡単な風向・風速計をつくってみましょう。

用意するもの

□工作用紙　　□セロハンテープ　　□ストロー　　□竹串　　□割りばし
□タピオカストロー（14ミリ程度）　　□方位磁針

手順

1 工作用紙で、風向・風速計の胴体、風速板、方位台を写真のサイズに切ります。

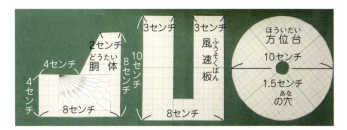

風速は、風速板の重さで測るので、サイズのとおり正確に切りましょう。

2 胴体に風速の目盛りを入れます。

目盛りは丁寧に入れよう！

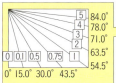
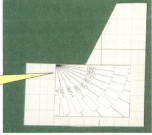

3 ストローを5センチぐらいに切って、風速板の裏側に頭を合わせて、写真のようにセロハンテープで貼りつけます。

4 風速板を貼ったストローに竹串を通し、割りばしの割れたほうの端に、この竹串の中央あたりをセロハンテープでとめます。

5 割りばしの隙間に、胴体を挿し込むように取りつけ、セロハンテープで割りばしに貼ります。

6 方位台に方位を書き込み、北の位置に方位磁針を写真のように貼りつけます。

東西南北が、きちんとわかるかな？ その間の方位も大事だよ。「北東」「南西」などと言うよね。

7 タピオカストローの握り手ひとつ分のところに、方位台が下にずれて落ちないよう紙などを切ったテープを巻きます。ここでは、割りばしの袋を使いました。

8 タピオカストローの中に、割りばしをはめるように合体させれば完成です。

タピオカストローの中で、割りばしが自由自在に回るかをチェックしておこう！

No.18 風向・風速計をつくろう！

解説

風の強さは、「ビューフォート風力階級表」に基づき国際的な基準が決められており、暴風や台風に備え、十分な防災教育が必要とされています。

ビューフォート風力階級表

風力	名称	風速〔m/s〕	陸上の状況
0	平穏	0.0〜0.2	静穏、煙がまっすぐ上昇
1	至軽風	0.3〜1.5	煙がなびく
2	軽風	1.6〜3.3	顔に風を感じる。木の葉が動く
3	軟風	3.4〜5.4	木の葉や細い枝が絶えず動く。旗がはためく
4	和風	5.5〜7.9	砂ほこりがたち、紙片が舞う。小枝が動く
5	疾風	8.0〜10.7	葉の茂った樹木が揺れ、池や沼にも波頭がたつ
6	雄風	10.8〜13.8	大枝が動き、電線が鳴る。傘はさしにくい
7	強風	13.9〜17.1	樹木全体が揺れる。風に向かっては歩きにくい
8	疾強風	17.2〜20.7	小枝が折れ、風に向かっては歩けない
9	大強風	20.8〜24.4	煙突が倒れ、瓦が落ちる
10	全強風	24.5〜28.4	樹木が根こそぎになる。人家に大損害が起こる
11	暴風	28.5〜32.6	めったに起こらないような広い範囲の大損害が起こる
12	颶風	＞32.7	被害甚大。記録的な損害が起こる

やってみよう！「吹き流し」

「吹き流し」を知っているかな？　鯉のぼりと一緒に吊るすこともあります。棒の先に、スズランテープを5〜6本つけて、スズランテープのような荷づくり用の紐を20センチぐらい切ります。一方を丸結びにし、反対のほうを写真のように引き裂きます。
割りばしの割れた先に、丸結びをしたほうを挟みます。風の吹いているところで実験すると、風の吹いていく方向に棚引きます。

No. 19 地学

3D震源分布モデルをつくろう！

| 難しさ ★★☆ | かかる時間 60分 | 対象 3年生以上 |

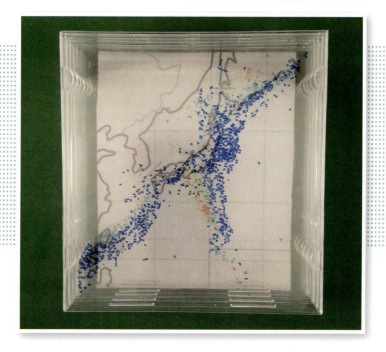

　私たちの暮らす日本は、「地震大国」とも呼ばれています。ところで、地震は、どのようなところで起きているのでしょうか。
　今回は、3D震源分布モデルをつくって、日本の周辺の地下がどうなっているかを探ってみましょう！

用意するもの

☐ CDケース6枚　　☐ 油性カラーペン6色　　☐ プリンター　　☐ コピー用紙
☐ セロハンテープ

手順

1 下の図をCDケースの大きさ（10×10センチ程度）に合わせて印刷します。次の7枚の図は、すべて同じ大きさにします。

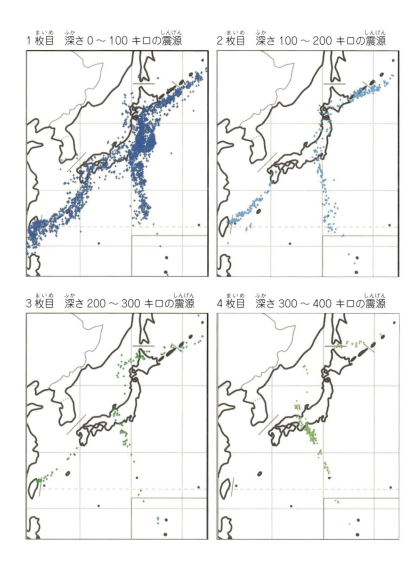

1枚目　深さ0～100キロの震源
2枚目　深さ100～200キロの震源
3枚目　深さ200～300キロの震源
4枚目　深さ300～400キロの震源

1

5枚目　深さ400〜500キロの震源

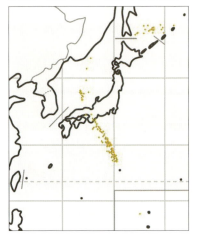

6枚目　深さ500キロ以上の震源

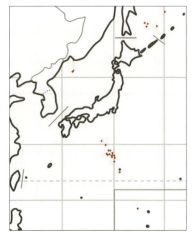

7枚目　日本付近の白地図

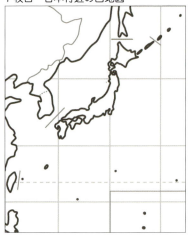

2

CDケースを分解して、フタを取り出します。

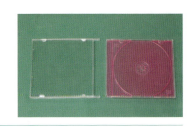

No. 19 3D 震源分布モデルをつくろう!

3　フタの突起部分を切り取ります。

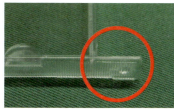

4　❶で印刷した地図をCDケースに合わせて、セロハンテープで固定します。

6枚の地図は、すべて同じ向きに、同じ位置にCDケースに貼りつけましょう。

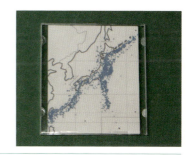

5　地図に描かれた点に合わせて、CDケースにカラーペンで印をつけていきます。

6　CDケースから地図をはがします。これと同じように、深さごとに6種類の地図にも印をつけていきます。

一番上のCDケースに日本地図を描き写してもよいでしょう。

6

7　いちばん深い印をつけたCDケースに、❶で印刷した7枚目の白地図を貼り合わせます。

8　印をつけたCDケースを深い順に重ねて、それぞれをセロハンテープで固定すれば完成です。

CDケースを重ねるときは、角を揃えるように注意しましょう。

No.19 ３Ｄ震源分布モデルをつくろう！

解説

完成した３Ｄ震源分布モデルを上から見てみましょう。震源は、どれくらいの深さに多くあるでしょうか？ また、震源が多く集まっている場所と、震源の深さには、どのような関係があるでしょうか？

私たちの住む地球は、「プレート」と呼ばれるたくさんの硬い殻に覆われています。そして、プレートは毎日、新しく生まれ、少しずつ動いています。このことを「プレートテクトニクス」といいます。地震の原因の多くは、プレートテクトニクスによるものです。

プレートテクトニクスが引き起こす地震は、２種類あります。それは、海溝型地震と内陸型地震です。海側のプレートと大陸側のプレートがぶつかると、海側のプレートの方が重いので、大陸側のプレートの下に沈んでいきます。このときに生じる歪みが解放されるときに起きる地震が海溝型地震で、プレートの境界部分で発生します。一方、内陸型地震は、プレートにかかる力によって、プレートにひびが入ることにより起きる地震で、大陸側のプレートの比較的浅い部分で発生します。

このことを踏まえて、手順❽の完成品を見てみましょう。地震が多く発生しているところは、線を描くように連なっています。また、深さごとにこの線をつなげていくと、ある面が現れてきます。実は、これがプレートの境界面です。一方、プレートの境界面の上の、浅いところでも地震がたくさん発生していますが、これが内陸型地震です。

日本付近では、大陸側のプレートのユーラシアプレート、北米プレートと、海側のプレートの太平洋プレート、フィリピン海プレートの４枚のプレートが複雑に入り組んでいます。日本で地震が多く発生するのは、このためだったのです。

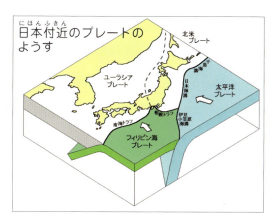
日本付近のプレートのようす

解説

太平洋プレートと
フィリピン海プ
レートの沈み込
みのようす

＜出所＞（国立研究開発法人）防災科学技術研究所

やってみよう！

過去の地震の震源情報は、気象庁のデータベース (http://www.data.jma.go.jp/svd/eqev/data/daily_map/index.html) で検索することができます。今回使ったデータは、2015年6～8月に日本付近で発生した地震の震源を深さごとに分類したものです。

次の図は、阪神・淡路大震災（1995年1月17日、マグニチュード7.3）、新潟県中越地震（2004年10月23日、マグニチュード6.8）、東日本大震災（2011年3月11日、マグニチュード9.0）の発生から1カ月間で発生したマグニチュード3.0以上の震央を示したものです。これらの地震は震度7を記録し、各地で大きな被害をもたらしました。大きな地震のあとには、「余震」と呼ばれる地震が増加します。東日本大震災のあとは、非常に多くの余震が起こりました。このことからも東日本大震災が非常に大きな地震であったことがわかります。

震源データをいろいろ集めて、白地図に写してみましょう。

No. 19　3D震源分布モデルをつくろう！

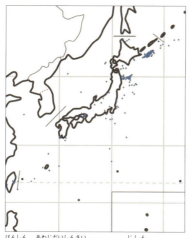
阪神・淡路大震災のあとの地震のようす

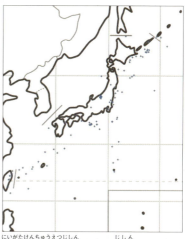
新潟県中越地震のあとの地震のようす

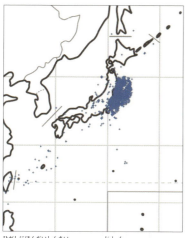
東日本大震災のあとの地震のようす

No.20 地学

ペットボトル温水タワーすだれをつくろう！

難しさ ★★★　　かかる時間 2日　　対象 5年生以上

　もし、災害などで電気が止まってしまったとしたら……。太陽の力を利用してお湯を沸かしましょう！　そのお湯を使ってお風呂にも入れます。いつもはゴミ箱に捨てているペットボトルを利用して、温水器をつくってみましょう。

用意するもの

- □ 2リットリのペットボトル24本
- □ 耐水性強力接着剤
- □ 塩化ビニル用接着剤
- □ 内径8ミリの塩化ビニルパイプ5センチ×24個
- □ 8ミリのOリング24個
- □ 外径8ミリの塩化ビニルパイプ5センチ×24個
- □ 棒状の発泡スチロール24本
- □ 180センチのアングル4本
- □ 20センチのアングル12本
- □ シールテープ
- □ 90センチのアングル14本
- □ 60センチのアングル2本
- □ ゴムシート
- □ 内径25ミリのビニールホース
- □ V20水道用塩化ビニルパイプ
- □ ストロー
- □ T字塩化ビニルパイプ24個
- □ 塩化ビニル用バルブ4個
- □ 針金
- □ ストッパーつきの車輪4つ

手順

1. ラッカースプレーで、ペットボトルの表面を黒く塗ります。

2. 底に直径 1.6 ミリの穴をドリルなどで開けます。

3. キャップを取り、ペットボトルの口にシールテープを 7〜8 周巻きつけます。

4. 発泡スチロールの棒の断面に、丸く切ったゴムシートを貼りつけて針金を挿します。

5 4.9センチに切った外径8ミリの塩化ビニルパイプを、5センチに切った内径8ミリの細い塩化ビニルパイプに入れ、Oリングを接着します。

6 ペットボトルのフタに千枚通しで穴を開け、ストローを通します。

7 ペットボトルに開けた穴に、❺でつくった塩化ビニルパイプを半分まで挿し込み、接着剤で固定します。このとき、Oリングは、ペットボトルの内側になるようにします。次に、塩化ビニルパイプの上から❻でつくったペットボトルのフタを挿し、写真のように接着剤で固定します。

8 ペットボトルの口から❹でつくったものを入れ、針金を挿し込んでストローに通します。針金が少しだけ上下できる余裕を残して先を曲げ、ストッパーをつくります。

No.20 ペットボトル温水タワーすだれをつくろう!

9 ペットボトルを並べ、T字塩化ビニル管、5センチに切った水道用塩化ビニル管、5センチに切ったビニールホース、塩化ビニル用バルブを、塩化ビニル用接着剤を使って組み立てていきます。

10 アングルを写真のように組み立て、一番下にストッパーつきの車輪を4つ取り付け、移動できるようにします。それから、連結したペットボトルを設置していきます。

> ペットボトル温水タワーすだれは、夏の暑い日、窓の外に置いておくと、部屋の中にとっては、すだれの役割をします。そのため、タワーのように高くする必要があったのです。

11 温水器のバルブを水道につなげ、ペットボトルに水を入れます。太陽の光がよく当たる場所に温水器を置き、弁のストロー部分に上から温度計を挿し込み、水温の変化を測りましょう。

解説

　太陽の光を浴びると、温かく感じます。その熱を利用してお湯を温めることを「太陽熱利用」といいます。電気やガスを使わずにお湯を温めるので、二酸化炭素を排出しない、環境に優しい方法です。さらに災害時など、電気やガスを使えない場合でもお湯を得ることができます。
　太陽の力を利用する方法として、ほかにも太陽光発電があります。こちらは、家や駅舎の屋根などに設置されたものをよく見かけます。太陽熱利用と太陽光発電の大きな違いは、変換効率です。一般的に売られているものを比較すると、太陽光発電パネルの変換効率は10パーセントほどですが、太陽熱利用で水をお湯に変える変換効率は40パーセント程度になります。太陽熱利用のほうがエネルギーを効率的に使うことができるのです。
　しかし、太陽光発電は、得られた電気を様々なことに利用できる利点がありますので、利用する目的に合った方法で用いることが大切です。

やってみよう！

実際につくったペットボトル温水タワーすだれで、水温の変化を見てみましょう。

ペットボトル温水タワーすだれを用いた実験の結果

経過時間〔分〕	0	10	20	30	40	50	60	70
水温〔℃〕	20.5	21.2	24.1	27.2	29.3	32.2	33.2	33.6

経過時間〔分〕	80	90	100	110	120	130	140	150
水温〔℃〕	35.2	38.1	38.9	39.4	39.3	39.4	39.0	39.1

これは、10月上旬のペットボトル温水タワーすだれを用いた実験の結果です。100分ほど経過すると、お風呂が入れるほどの水温になりました。温度の上昇が穏やかになっている部分は、日差しが陰ったときです。

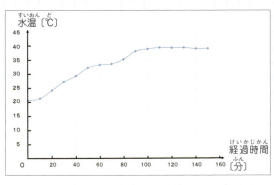

おわりに

　この本で、理科の工作を実践した小学生の皆さんは、理科の工作名人になれたかもしれません。ちょっと難しいため、いろいろなチャレンジをしないといけない理科の工作もあったかと思います。それらを乗り越えてきた小学生の皆さんは、立派な理科の工作名人といってもよいでしょう。

　冒頭の「はじめに」で、人類が生きていくうえで、理科の工作はとても大切だといいました。理科の工作は、人間が生きている証となる五感をフルに鍛えてくれます。つまり、人間が人間たる人間力を鍛えてくれるのです。

　人間は、「ホモ・ファーベル（工作人）」とも呼ばれます。いろいろなものをつくりあげる創造の人なのです。昔、テレビはありませんでした。パソコンもスマートフォン（スマホ）もありませんでした。しかし、先人たちがいろいろな知恵を出し、現在では、誰でもテレビやパソコン、スマホが当たり前に使える時代になっています。そんな便利な社会が実現しているのです。先人たちの独創性によって、いろいろなものがつくり出されてきました。レオナルド・ダ・ヴィンチは、凄い創造力を持っていたと私も思いますが、それを実現してきた先人たちも同様に凄いのです。

　人類は、まだまだ実現できていないことがたくさんあります。人類全体の宿題といえるでしょう。是非、小学生の皆さんの中から、これらのひとつでも実現してくれる人が出てくることを願っています。この本を読んだ小学生の皆さんは、そんな人の仲間入りを果たしたといえるでしょう。これからも頑張ってください。応援しています。

　最後に、この本を刊行するにあたり、株式会社エネルギーフォーラム出版部の山田衆三さんには大変お世話になりました。山田さん、本当にありがとうございました。

2016年5月吉日
東京理科大学教授　川村康文

執筆者の紹介

川村 康文　かわむら　やすふみ
東京理科大学理学部物理学科教授

1959 年、京都府生まれ。京都教育大学教育学部卒業。京都教育大学附属高等学校理科（物理）教諭。その後、現職教員のまま、京都大学大学院エネルギー科学研究科博士課程修了。信州大学教育学部（理科教育）助教授、東京理科大学理学部第一部物理学科助教授・准教授を経て 2008 年 4 月より現職。2011 年 3 月 11 日に発生した東日本大震災を受けて"つながる思いプロジェクト"を立ち上げ、震災復興応援の科学実験教室などを全国で行っている。科学実験教室では、自ら作詞・作曲した「つながる思い」を必ず歌う。そのほか、NHKテレビ E テレの「ベーシックサイエンス」の監修・出演や「花道・ニューベンの理科実験」の監修を手掛ける。専門はエネルギー科学、物理教育、サイエンス・コミュニケーション。慣性力実験器Ⅱで平成 11 年度「全日本教職員発明展内閣総理大臣賞」受賞、平成 20 年度「文部科学大臣表彰科学技術賞（理解増進部門）」受賞をはじめ、科学技術に関する発明も多い。主な著書に『楽しく学べる理科の実験・工作』（2014 年 8 月、㈱エネルギーフォーラム）、『カラー図解　世界で一番やってみたいエネルギー実験』（2014 年 4 月、㈱エネルギーフォーラム）、『理科教育法　独創性を伸ばす理科授業』（2014 年 4 月、㈱講談社）など。

川村研究室のメンバー(執筆当時)

岡 茉由理　おか まゆり
東京理科大学大学院科学教育研究科修士課程修了
1990 年、埼玉県生まれ。東京理科大学理学部 4 年次から川村康文教授の研究室に所属。

水谷 紫苑　みずたに しおん
東京理科大学大学院科学教育研究科修士課程 2 年
1991 年、東京都生まれ。東京理科大学理学部 4 年次から川村康文教授の研究室に所属。

安藤 百合子　あんどう ゆりこ
東京理科大学大学院科学教育研究科修士課程 1 年
1993 年、東京都生まれ。東京理科大学理学部 4 年次から川村康文教授の研究室に所属。

飯野 誠也　いいの せいや
東京理科大学大学院科学教育研究科修士課程 1 年
1994 年、東京都生まれ。東京理科大学理学部 4 年次から川村康文教授の研究室に所属。

中川 玄　なかがわ げん
神奈川県私立高等学校講師
1993 年、神奈川県生まれ。東京理科大学理学部 4 年次に川村康文教授の研究室に所属。

やってみよう！ 理科の工作

2016 年 6 月 29 日　初版発行

[著　者]　　　川村康文 ＋ ＋東京理科大学川村研究室
[発行者]　　　志賀正利
[発行所]　　　株式会社エネルギーフォーラム
　　　　　　　〒104-0061 東京都中央区銀座 5-13-3　電話 03-5565-3500
[印刷・製本所]　錦明印刷株式会社
[ブックデザイン]　エネルギーフォーラム デザイン室

ⒸYasufumi Kawamura & Kawamura Laboratory 2016, Printed in Japan　ISBN 978-4-88555-465-0

エネルギーフォーラムの理科の実験・工作

総ルビ・フルカラーでわかりやすい！読みやすい！

現役東大生による 頭がよくなる 実験・工作

小学生向け

著
小幡哲士 ＋ 東京大学サイエンスコミュニケーションサークルCAST

A5判　本体価格¥1500円（税抜）

賢くなれる　厳選！15テーマ

楽しく学べる 理科の 実験・工作

小中学生向け

著 川村康文＋東京理科大学川村研究室

学校の授業／夏休みの自由研究／親子のふれあい に使える

7ジャンル30テーマ！

A4判　本体価格¥2600円（税抜）

 株式会社 エネルギーフォーラム

〒104-0061 東京都中央区銀座5-13-3　tel 03-5565-3500　fax 03-3545-5715
○ホームページからのご注文は　http://www.energy-forum.co.jp/

好評発売中